3
2

图书在版编目（CIP）数据

新奇的未来建筑 /（英）萨伦娜·泰勒著；（英）莫雷诺·基亚基耶拉，（英）米歇尔·托德绘；周鑫译 . -- 北京：中信出版社，2021.1（2023.8 重印）
（小小建筑师）
书名原文：Futuristic Homes
ISBN 978-7-5217-2381-6

Ⅰ．①新… Ⅱ．①萨… ②莫… ③米… ④周… Ⅲ．①建筑学－少儿读物 Ⅳ．① TU-49

中国版本图书馆 CIP 数据核字 (2020) 第 210524 号

Futuristic Homes
Written by Saranne Taylor Illustrated by Moreno Chiacchiera,and Michelle Todd

新奇的未来建筑
（小小建筑师）

著　　者：[英]萨伦娜·泰勒
绘　　者：[英]莫雷诺·基亚基耶拉　[英]米歇尔·托德
译　　者：周鑫
出版发行：中信出版集团股份有限公司
（北京市朝阳区东三环北路 27 号嘉铭中心　邮编　100020）
承 印 者：北京尚唐印刷包装有限公司

开　　本：787mm×1092mm　1/12　印　　张：3　字　　数：40千字
版　　次：2021年1月第1版　印　　次：2023年8月第4次印刷
京权图字：01-2020-6474
书　　号：ISBN 978-7-5217-2381-6
定　　价：20.00元

新奇的未来建筑

[英] 萨伦娜·泰勒 著

[英] 莫雷诺·基亚基耶拉
[英] 米歇尔·托德 绘

周鑫 译

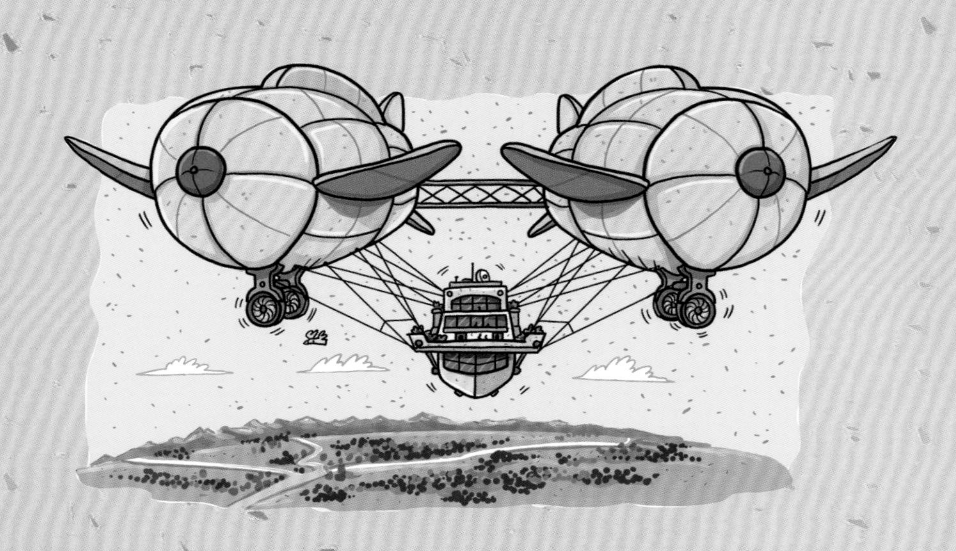

中信出版集团 | 北京

目 录

未来建筑知多少

未来的生活会是什么样的呢？我们会住在什么样的房子里呢？

没有人知道确切的答案。但是，科学家们正在努力探索未来生活的更多可能性，建筑师们也从他们的新奇想法中获得了很多启发。

建筑师的工作方式已经与以往不同了。他们已经在使用新型的建筑材料，比如高延性混凝土（这种混凝土竟然可以弯曲）；他们还会借助神奇的计算机技术来实现奇特的构想。在他们的构想中，未来的住宅将由计算机控制，外观也比以往任何时候都高大、新奇、富有设计感。在这本书中，你将会看到许多精彩的创意设计，或许在未来，这些建筑就会成为我们日常居住的房子。

立体方块房屋

未来的房屋可以是各种形状、各种大小的。建筑师们正在将一些不可思议的想法变成现实！

瞧瞧左边这种用方块搭成的房子，它真的能被建造出来吗？但是它的设计者知道，这个设计是可行的，因为他可以使用新型的建筑材料和建筑技术。

做一名未来的建筑师，最令人兴奋的事情莫过于几乎所有你能想到的点子都有可能成为现实。所以，请尽可能天马行空地发挥你的想象力吧！

立体方块房屋——一种未来的建筑设计

设计构想

所有的房间都是独立的方块，各个房间通过楼梯连通。

有些房间内有可移动的墙壁或地板，可以改变房间内部的布局，创造出更多的空间。

所有的电子设备都能像电视机一样遥控操作，或是通过特殊的电脑来启动，这些电脑可以识别你的脸或指纹。你甚至可以通过面部或指纹识别的方式来打开淋浴。

顶部的两个房间可以通过像机器人手臂似的机械杠杆上下移动。

还有一间是客房，妙的是，不用的时候，可以沿着轨道把它移走。在地下室，还有为孩子们准备的儿童房。

房子里还装有一部电梯（或升降机），它被装在整座房屋正中，可以直达屋顶的停机坪。

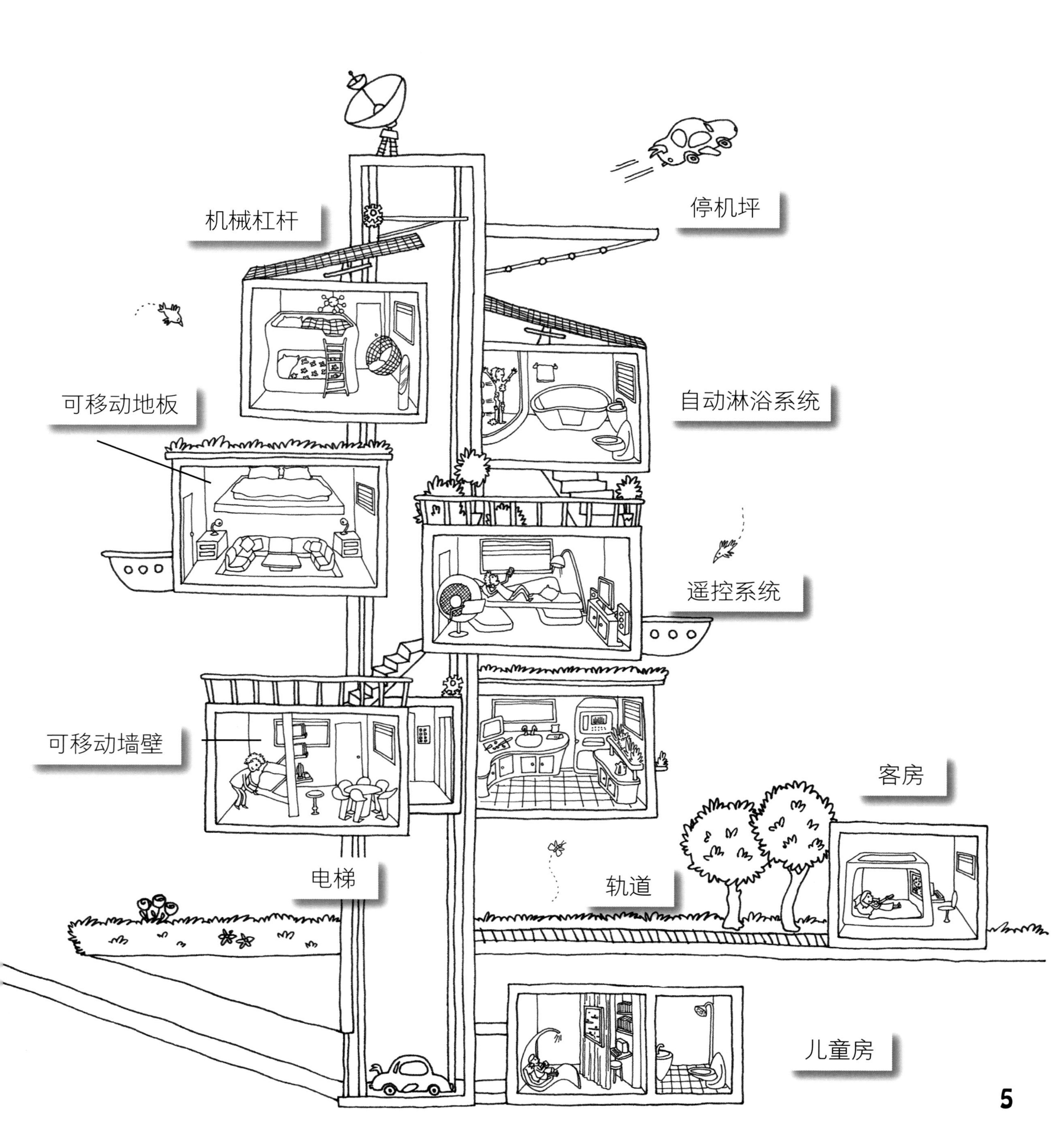
机械杠杆
停机坪
可移动地板
自动淋浴系统
遥控系统
可移动墙壁
客房
电梯
轨道
儿童房

建筑师笔记

计算机辅助设计

建筑师需要什么样的工具?

在过去，他们只需要一支笔和一些做笔记、画草图用的纸张。

但如今，几乎所有的建筑师都在使用计算机进行设计。这种技术叫作CAD（Computer Aided Design），即计算机辅助设计。

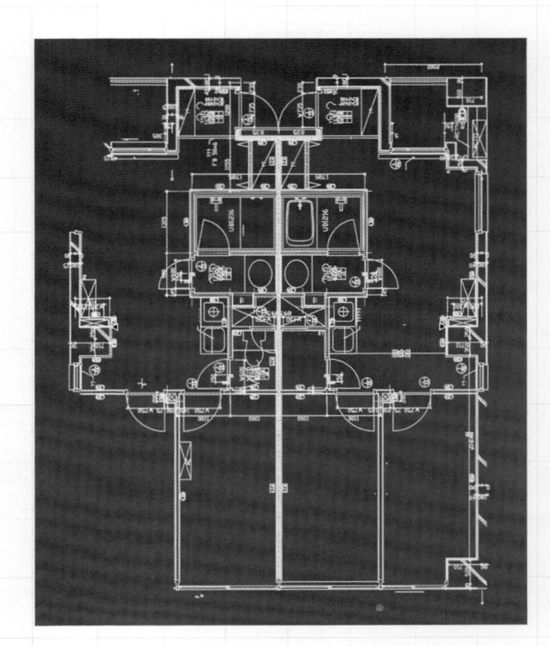

用CAD技术绘制的楼层平面图

用CAD技术绘制的城市天际线模型

CAD技术可以帮助建筑师把脑海中的理念或想法按照精确的尺寸绘制出来。

建筑师笔记

全息图像

CAD技术只能在计算机上设计出像书本里看到的那种平面图，但想象一下，假如一台计算机可以设计出立体的图像，画面看起来和真实的一样，那该有多棒！

使用全息设计图的建筑师和建筑工人

全息技术能够创造出三维（3D）模型。现在建筑师们可以像展示真实物体的迷你版本那样，清晰地展示他们的设计。人们可以看到设计模型的正面、背面和顶部，甚至还能看到模型的内部！

空间不够用啦！

世界的人口每天都在增长，每个人都需要住的地方。但是地球不会变大，所以，我们的生存空间很快就要不够用了！

因此，未来的房子既要能够遮风挡雨，又不能占用太多的空间。

集装箱公寓

这些房屋是用集装箱改建的，它们就像孩子搭的积木一样被堆叠在一起

紧贴的倾斜式房屋

这种设计是为了尽可能地节约空间，看上去像是把多个房子挤压到了一起

地下住宅

当地上空间不足时，我们还可以在地下建房子

胶囊房屋

有时候你并不需要很大的居住空间，只需要合理地利用空间

这些小小的胶囊房屋长宽虽然只有几米，但里面却配置了厨房和浴室，以及可以储存大量物品的起居间

有一小段楼梯通往二楼，二楼有床、置物架和衣柜

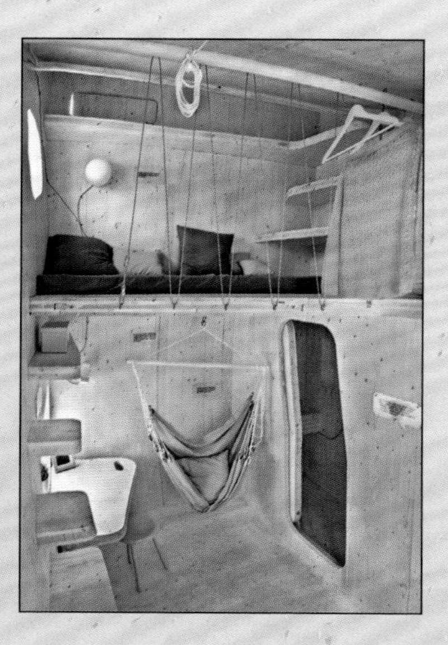

面积与体积

建筑师在设计建筑时必须仔细思考，建筑物的形状及其占用的空间都是他们重要的考量因素。

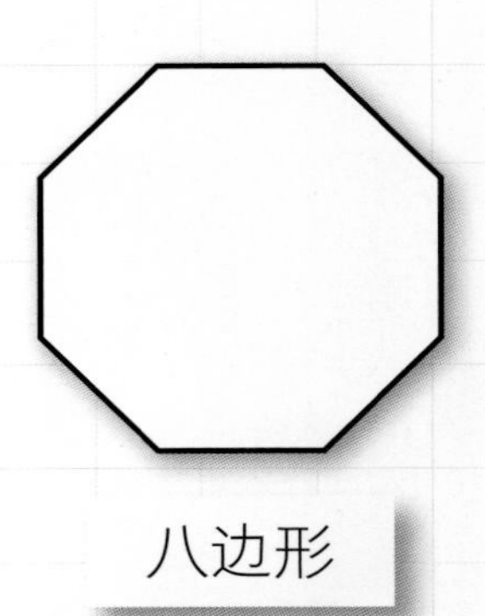

八边形

在世界各地，八边形被广泛应用于建筑设计中。这种多边的设计使建筑物内部能拥有更多的空间。此外，与普通的方形房屋相比，它有更多面墙壁，可以安装更多的窗户，以增加采光。

小建筑师DIY

设计一栋异形房屋

选择一个形状，画出你想要的房子的样子。

1. 画出基本图形。

2.计算出全家所需要的卧室数量。

3.将这些卧室画进图里，再画出厨房和浴室。

4. 你还需要别的房间吗？ 别忘了给自己和宠物留下活动空间！

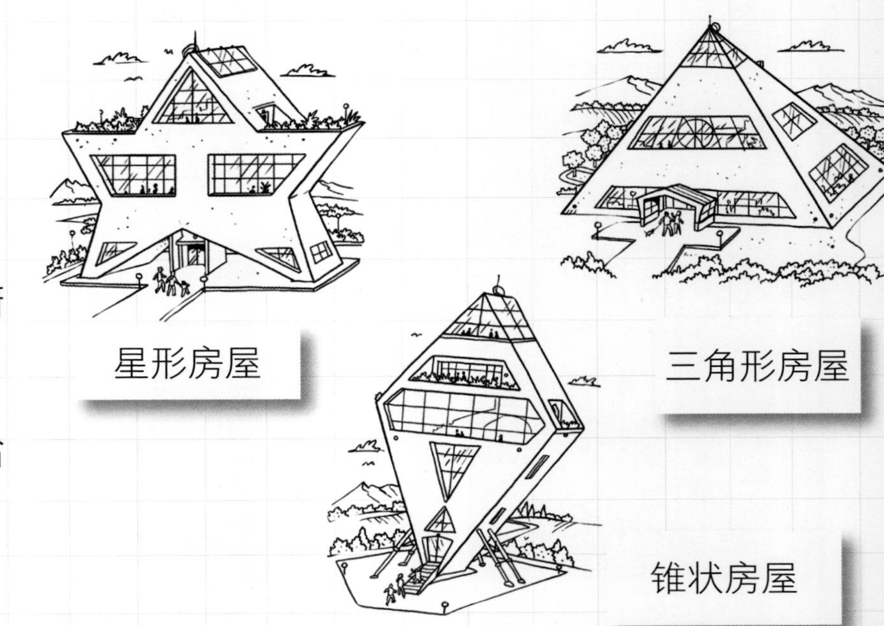

星形房屋

三角形房屋

锥状房屋

多边形的房屋

这座房屋是基于八边形结构设计的。八边形的应用使整栋房子有了许多有趣的角度，可以欣赏到四面八方的美景。

住得近一些

一种能创造更多居住空间的方式，就是建造能让人们聚居在一起的房子，我们把这叫社区。通过这种方式，人们可以共享公共交通、商店、学校和医院等公共资源，因为大家住得都挺近。

未来建筑中的城镇广场

遍地高楼的未来城市

建筑师们正在规划的未来城市中的社区，通常包括能容纳数百户人家的摩天大楼或其他高层建筑。实际上，迪拜的城市天际线看起来已经有一点儿建筑师们所设想的样子了！

迪拜的城市天际线

新型材料与技术

如果你想成为一名未来的建筑师，那么你一定会想了解这些新型的材料和技术，或许，它们会在未来派上大用场。

气凝胶：由一种软凝胶和空气混合而成。它有时被称为“固态烟”，因为可见光穿过它时，它看起来像块被冻结的烟雾。气凝胶非常结实，具有良好的隔热性能，用作建筑材料有利于保持室温。

高延性混凝土：我们印象中的混凝土是一种坚硬的灰色建筑材料，由水、水泥和砂石制成。但现在，你将会看到能弯曲的混凝土，甚至透明的混凝土。未来的混凝土能够永久使用，只需要加水就能修复它！

透明铝：这是一种金属，但它是透明的！透明铝非常坚固，却又轻巧易弯曲。

这栋未来建筑物使用了上述所有建筑材料。

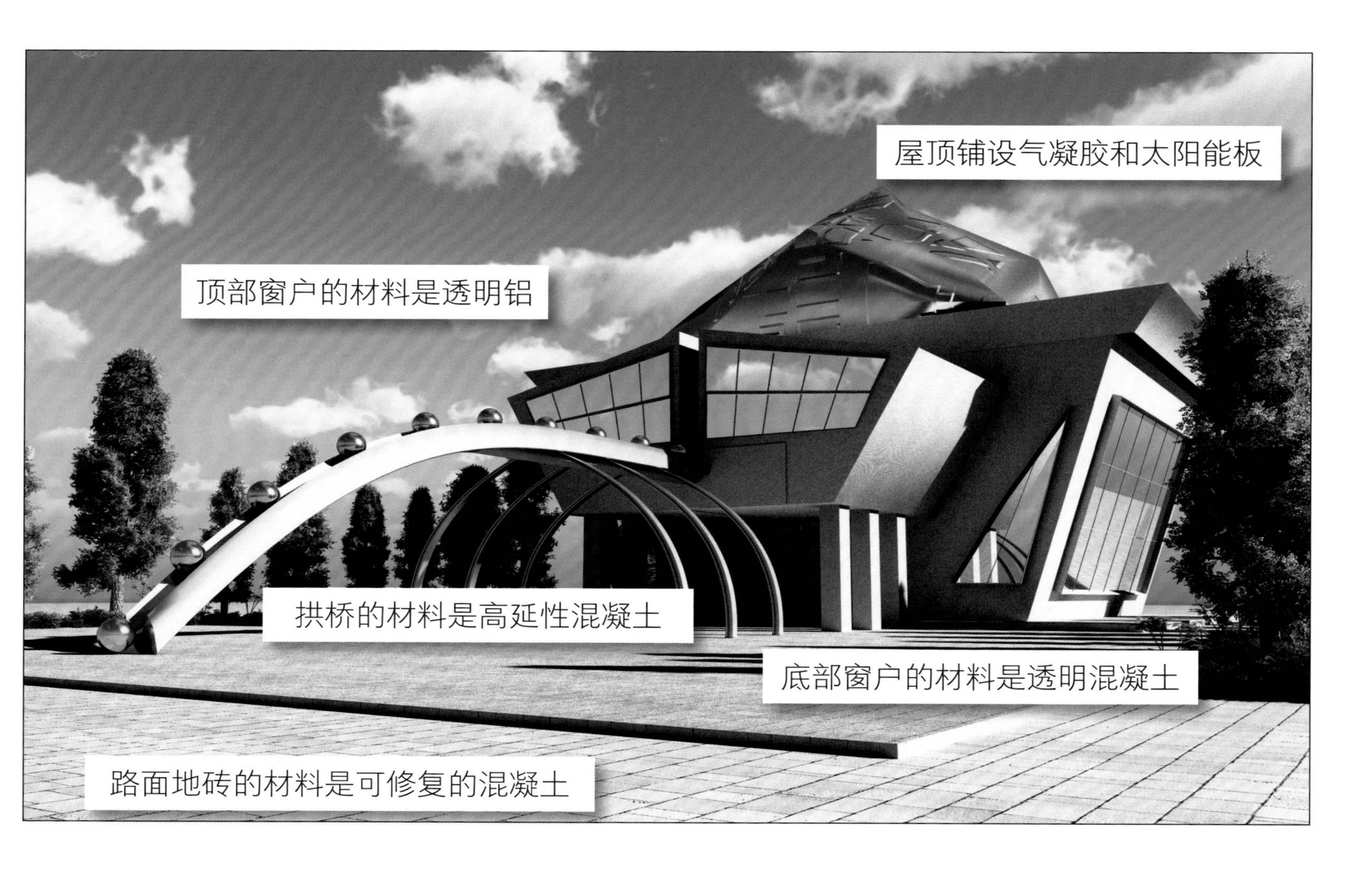

建筑师们还可以使用3D打印机来建造房屋，即通过计算机和打印机，直接打印出一栋实体建筑的主要结构。

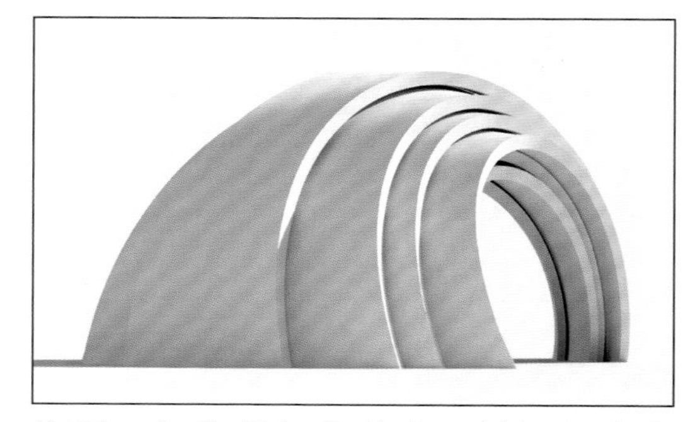

使用3D打印机打印的高延性混凝土房屋

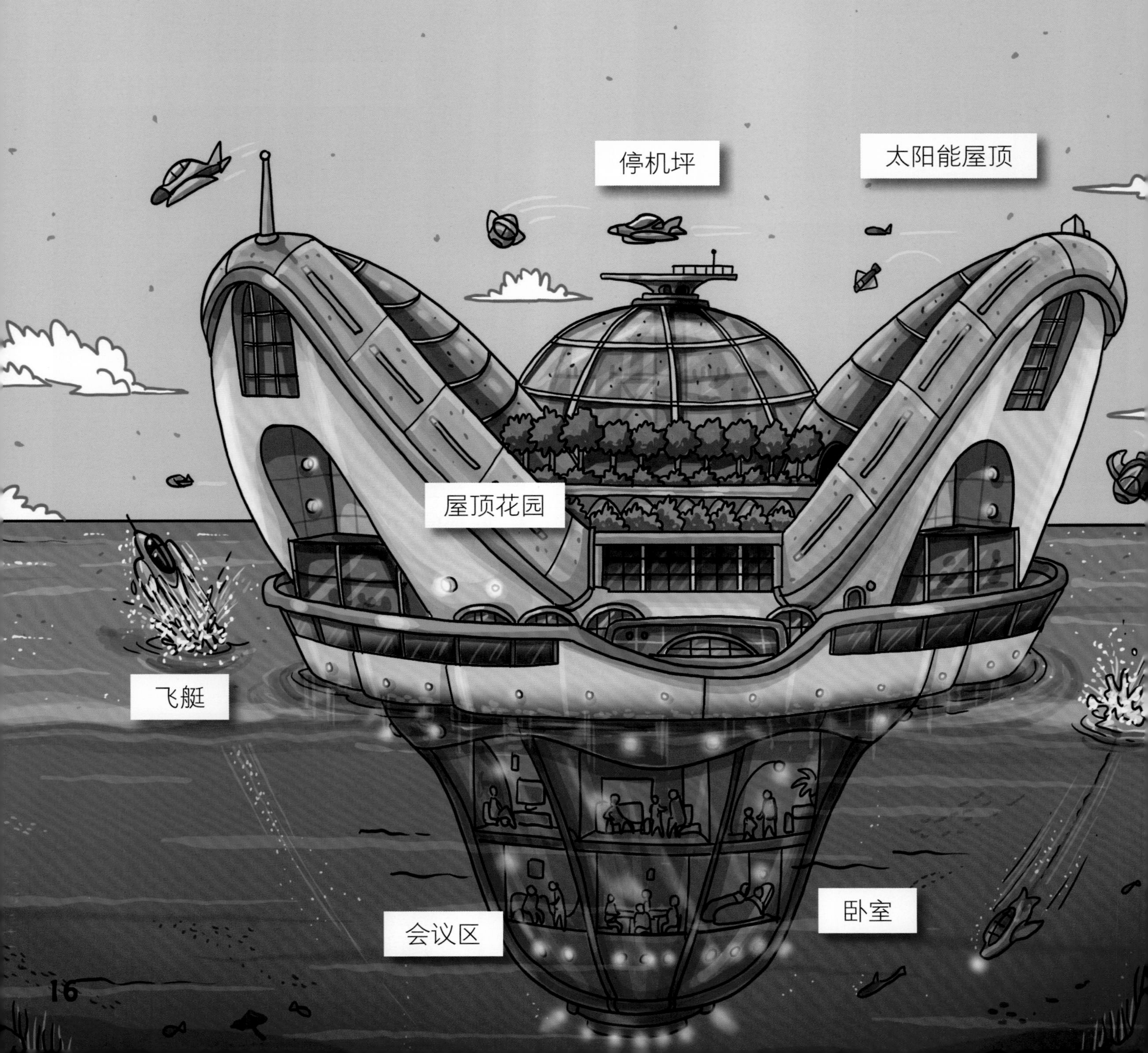
停机坪
太阳能屋顶
屋顶花园
飞艇
卧室
会议区

住在海洋里

在海洋中生活会是什么样呢？和我们现在的生活有怎样的不同呢？

这栋水下建筑是一个小型社区，里面有人们生活所需要的一切。

人们居住在水下的公寓里，这些公寓虽然小，但设计得很精心。

这里还有商店、企业、学校、餐馆、图书馆和医院。

公园在整个建筑的顶部。

人们可以乘坐船、飞机或飞艇去看望朋友和家人，或是返回到陆地上。

这样海洋社区既可以固定在一个地方，也可以在海里任意漂流，还能像船一样“航行”。

住在水底下

在海里生活是很有可能实现的，建筑师们已经做出了详细的规划，右边就是一座海洋大厦的结构图。

海洋大厦和陆地上的摩天大楼一样，是一栋拥有许多房间的高楼。但它们之间的区别在于，摩天大楼要用高度来衡量，而海洋大厦则要用深度来衡量。

海洋大厦能够容纳数百户人家，但只有几层楼会露出水面！

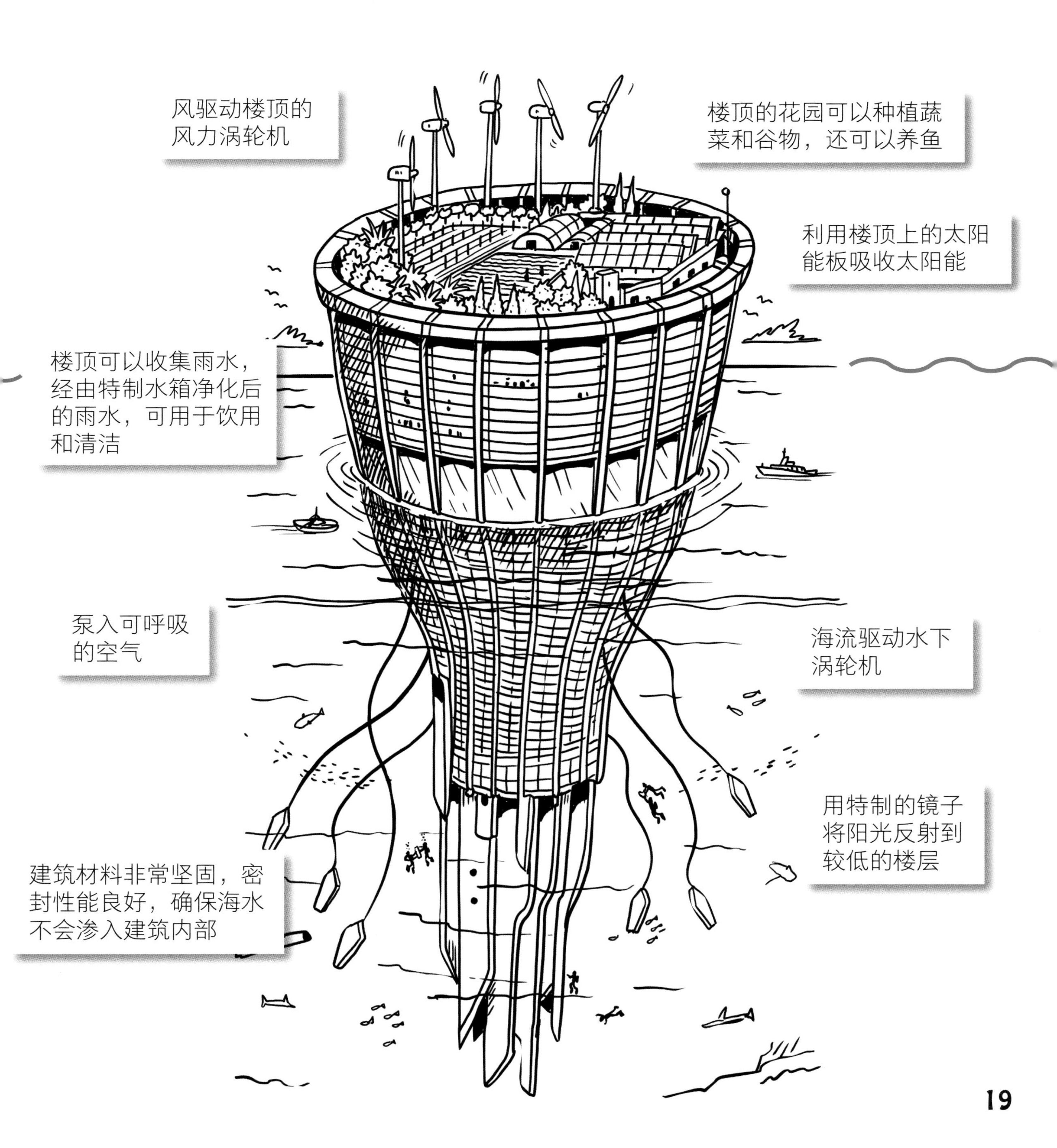
风驱动楼顶的
风力涡轮机
楼顶的花园可以种植蔬
菜和谷物，还可以养鱼
利用楼顶上的太阳
能板吸收太阳能
楼顶可以收集雨水，
经由特制水箱净化后
的雨水，可用于饮用
和清洁
泵入可呼吸
的空气
海流驱动水下
涡轮机
用特制的镜子
将阳光反射到
较低的楼层
建筑材料非常坚固，密
封性能良好，确保海水
不会渗入建筑内部

住得环保又安全

很多时候，人们没有真正做到爱护环境，这导致我们的生活环境状况堪忧。一些建筑师们开始认真对待环境问题，设计对地球更有益的建筑。

这种环境友好住宅的外壳由再生木翅片组成

建筑师小词典

环境友好

环境友好，就是要使用对地球无害或由天然物质制成的材料，尽可能减少浪费和污染，做到与自然和谐相处。

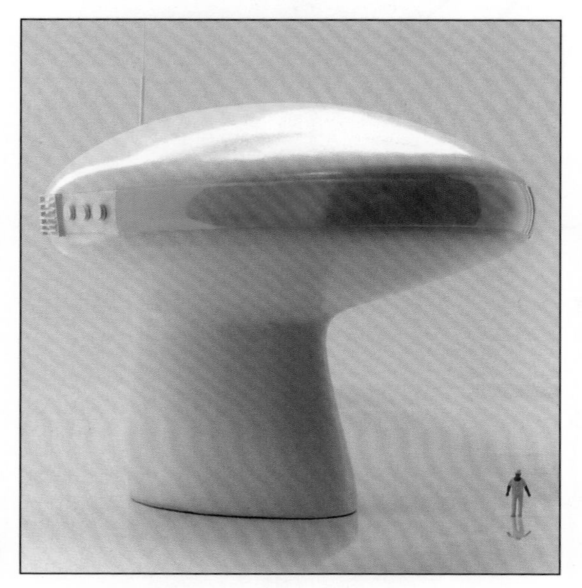

这些未来住宅设计以环境友好为设计理念。它们使用太阳能和风能供电，不使用对环境有害的供暖和制冷方式。

这种环境友好住宅的外墙上，遍布着太阳能收集器

地球上常常发生各种各样的自然灾害，比如地震、龙卷风、飓风、海啸和洪水。一些灾难目前还无法被人类准确预测出来，因此常常造成不可估量的损失。

建筑师小词典

防灾

建筑师在设计建筑物时，要尽量使其免受自然灾害的破坏，因此要采用非常坚固的建筑材料，才能抵御强风、洪水以及强地震。

这种能够抵挡飓风的建筑，选用了钢铁和混凝土做建筑材料

建筑师考虑到了这个问题，他们构想了一些特殊的设计方案来应对这些自然灾害。

半球体建筑

家是庇护所，它要保护住在里面的人。有一种安全且环境友好的建筑设计，就是这种半球体建筑。

美国得克萨斯州的半球体建筑

整栋建筑浑然一体，一旦发生自然灾害，它就会发挥出稳固、安全的特性。当龙卷风或飓风来临时，半球体结构会减弱风力对建筑的影响。地震发生时，半球体结构会随着地面震动而晃动，降低倒塌的风险。

1.施工时，首先用混凝土建造出坚实的圆形地基。接着，给一顶特殊的帐篷充气，使其膨胀形成半球体房屋的形状

2.帐篷充满气后，在它的外面装上图中那样纵横交错的金属框架，这层框架起加固作用

3.将一种特殊的泡沫喷在帐篷内层作为隔热材料。再把混凝土抹在帐篷外层用于防水

4.最后，粉刷这座已建成的房子

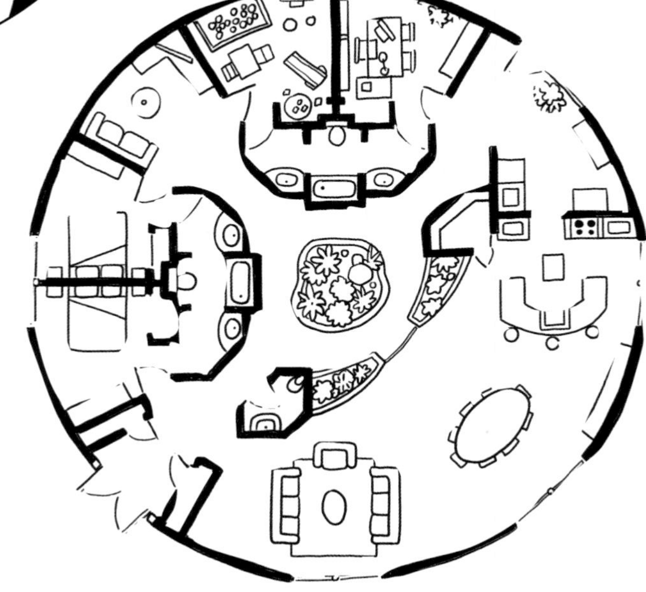

房子内部布局示意图

螺旋结构的公寓

千层摩天大楼概念图

住在天空中

如果陆地上和海洋里都没有空间了，那要怎么办呢？我们就得到向上去找住的地方了，或许将来我们真的可以住在天上呢！想象一下，一座一千层的摩天大楼冲破云霄的样子！

另一种建筑构想是把住宅和飞行器组合起来！这幢三层的房屋被结实的缆索悬挂在两个巨大的飞艇下面。房屋每一面都有大大的窗户和露天平台，视野非常开阔。此外，房屋里的所有设备都是可遥控的。

而且，它可以飞去任何地方！

住在另一个星球！

未来，可能会有整个城市的人都住在外太空的情况，但我们必须先等待能让人们在那里生活得更方便的技术发展起来。

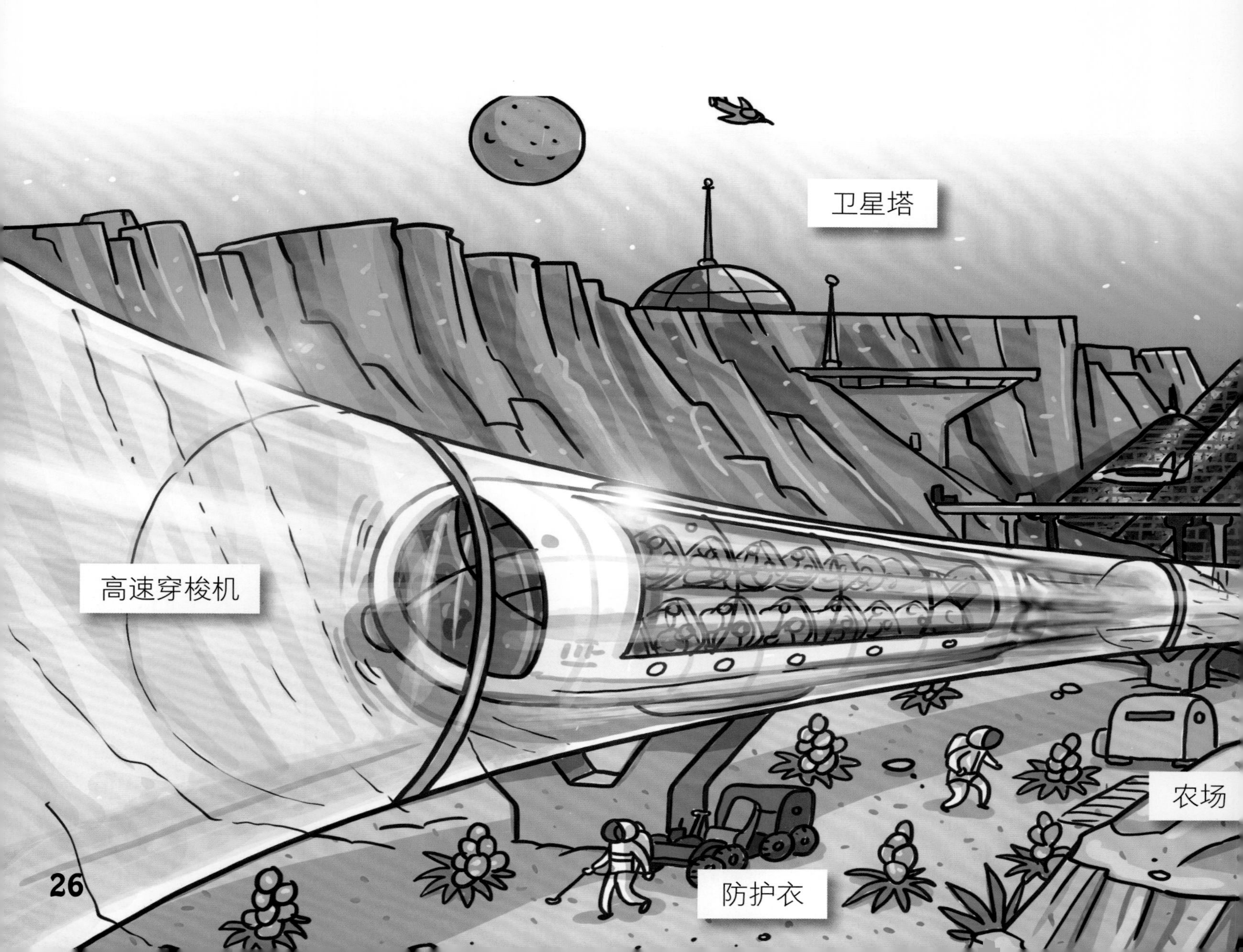

我们需要设计巧妙的建筑和能够穿行于外太空的未来交通工具，需要有可供呼吸的空气以保障我们的正常生活。我们还会种出新型的庄稼和蔬菜水果。当我们外出的时候，还要穿上特殊的防护服。

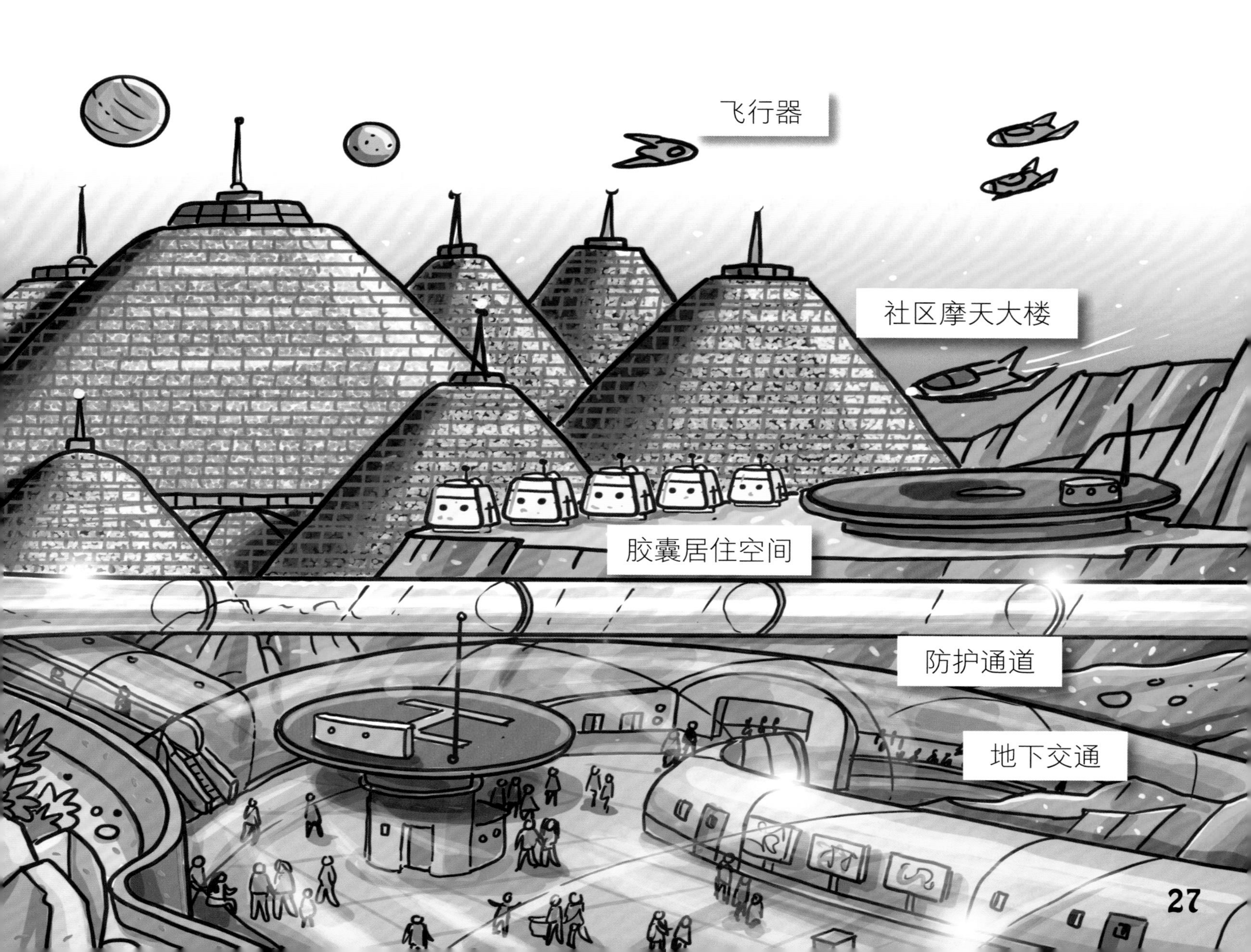

《古代建筑奇迹》

高耸的希巴姆泥塔、神秘的马丘比丘、粉红色的“玫瑰之城”佩特拉、被火山灰“保存”下来的庞贝古城……

一起走进古代人用双手建造的奇迹之城，感受古代建筑师高明巧妙的设计智慧！

你将了解： 棋盘式布局　选址要素　古代建筑技术

《冒险者的家》

你有没有想过把房子建到树上去？

或者，体验一下住在大篷车里、帐篷里、船屋里、冰雪小屋里的感觉？

你知道吗？世界上真的有人在过着这样的生活。他们既是勇敢的冒险者，也是聪明的建筑师！

你将了解： 天然建筑材料　蒙古包的结构　吉卜赛人的空间利用法

《童话小屋》

莴苣姑娘被巫婆关在哪里？塔楼上！

三只小猪分别选择了哪种建筑材料来盖房子？稻草、木头和砖头！

用彩色石头和白色油漆，就可以打造一座糖果屋！

建筑师眼中的童话世界，真的和我们眼中的不一样！

你将了解： 建筑结构　楼层平面图　比例尺

《绿色环保住宅》

每年都会有上亿只旧轮胎报废，它们其实是上好的建筑材料！

再生纸可以直接喷在墙上给房子保暖！

建筑师们向太阳借光，设计了向日葵房屋；种植草皮给房顶和墙壁裹上保暖隔热的“帽子”、“围巾”……

你将了解： 再生材料　太阳能建筑　隔热材料

《高高的塔楼》

你喜欢住在高高的房子里吗？

建筑师们是怎么把楼房建到几十层高的？

在这本书里，你将认识各种各样的建筑，还会看到它们深埋地下的地基。你知道吗？建筑师们为了把比萨斜塔稍微扶正一点儿，可是伤透了脑筋！

你将了解： 楼层　地基和桩　铅垂线

《住在工作坊》

在工作的地方，有些人安置了自己小小的家，这样，他们就不用出门去上班了！

在这本书中，建筑师将带你走入风车磨坊、潜艇、灯塔、商铺、钟楼、土楼、牧场和宇宙空间站，看看那里的工作者们如何安家。

你将了解： 风车　灯塔发光设备　建筑平面图

《新奇的未来建筑》

关于未来，建筑师们可是有许多奇妙的点子！

立体方块房屋、多边形房屋、未来城市社区、海洋大厦……这些新奇独特的设计，或许不久就能变成现实了！

那么，未来的你又想住在什么样的房子里呢？

你将了解： 新型技术　空间利用　新型材料

《动物建筑师》

一起来拜访世界知名建筑师织巢鸟先生、河狸一家、白蚁一家和灵巧的蜜蜂、蜘蛛吧！它们将展示自己的独门建筑妙招、天生的建筑本领和巧妙的建筑工具。没想到吧，动物们的家竟然这么高级！

你将了解： 巢穴　水道　蛛网　形状

《长城与城楼》

万里长城是怎样建成的？

城门洞里和城墙顶上藏着什么秘密机关？

为了建造固若金汤的城池，中国古代的建筑师们做了哪些独特的设计？

你将了解： 箭楼　瓮城　敌台　护城河

《宫殿与庙宇》

来和建筑师一起探秘中国古代的园林和宫殿建筑群！

在这里，你将认识中国园林、宫殿和佛寺建筑的典范，了解精巧的木制斗拱结构，还能和建筑师一起来设计宝塔。赶快出发吧！

你将了解： 园林规则　斗拱　塔

出品　中信儿童书店
图书策划　火麒麟
策划编辑　范萍　张旭
执行策划编辑　张平
责任编辑　邹绍荣
营销编辑　曹灵
装帧设计　垠子
内文排版　素彼文化

出版发行　中信出版集团股份有限公司
服务热线：400-600-8099　网上订购：zxcbs.tmall.com
官方微博：weibo.com/citicpub　官方微信：中信出版集团
官方网站：www.press.citic

3
2

1
3
6
2
4 5